ESSAI

Sur la température des saisons en différentes années, ainsi que sur le cours des vents, particulièrement sur l'Océan atlantique, dans la zone tempérée du nord, et dans les pays situés le long de cet océan.

SECTION I. *Causes de la variété des saisons.* — Pourquoi quelques-uns de nos hivers sont-ils plus froids que d'autres ? Pourquoi quelques-uns de nos étés sont-ils chauds et secs, tandis que d'autres sont doux et humides ?

La terre est, à peu de chose près, relativement au soleil, chaque jour d'une année quelconque, dans la même position où elle est le jour correspondant d'une autre année.

D'après cela, il n'y a point de raison pour croire qu'il y ait beaucoup plus de chaleur sur le globe dans une année que dans l'autre, ni même qu'il y en ait plus dans une saison donnée d'une année, que dans la saison correspondante d'une autre année. Il paraît plutôt probable que la principale différence dans le degré de chaleur sur quelque point particulier de la terre que ce soit, en différentes années, dépend de la distribution différente de la chaleur.

Quant aux saisons humides ou sèches, il n'y a peut-être pas une grande différence entre la quantité d'eau qui tombe, sous la forme de pluie, sur tout le globe, en différentes années. Mais s'il existe quelque différence considérable à cet égard, il paraîtra peut-être probable dans le cours de nos discussions sur cet objet, que cette différence est principalement, sinon entièrement, due exactement à la même cause qui produit la grande différence entre le chaud et le froid.

Or, il est visible que de tous les moyens que la nature emploie pour distribuer différemment le froid et le chaud, les vents variables forment celui qui est de beaucoup le plus puissant, ensorte qu'on peut les regarder comme étant presque la seule cause du froid et du chaud.

Un vent qui, pendant long-tems, souffle de l'océan, amène de la pluie; tandis que s'il vient de la terre, il amène un tems serein. Un vent de terre amène un froid rigoureux en hiver, particulièrement s'il souffle du nord; en été, il amène de la sécheresse; et de plus, s'il vient du midi, une grande chaleur (1). Mais un vent de l'océan

(1) Dans les climats septentrionaux, s'entend, où est située la France, et où cet Essai a été écrit, car dans les climats méridionaux situés de l'autre côté de l'équateur, le vent du nord, loin d'amener du froid, amène de la chaleur; comme le vent du sud, au lieu d'y produire de la chaleur, y amène du froid.

n'est ni extrêmement froid en hiver, ni extrêmement chaud en été.

Toutes, ou à peu près toutes les variétés de température que nous éprouvons en différentes années, dans la même saison de l'année, dépendent donc du cours des vents; par conséquent, si jamais quelque tentative sérieuse est faite pour calculer cette variété des saisons, ou même simplement pour former quelques conjectures à ce sujet, il faut qu'elle soit fondée sur la connaissance des vents.

Section II. *Vents dominans dans nos climats.* — Les vents, dans nos climats, et l'on peut dire dans toutes les parties du globe, sont produits par diverses causes.

Il y a peu de raisons pour douter qu'il ne se rencontre souvent dans l'atmosphère, quelque chose de semblable à une analyse ou synthèse chimique, qui augmente ou diminue subitement le volume de l'air en certaines régions, et produit par là une bouffée de vent soudaine et violente. Les ouragans qui soufflent avec grande violence sur une largeur qui, quelquefois, n'a pas une lieue, et quelquefois deux à trois lieues ou plus, et qui s'étendent à plusieurs fois la même distance en longueur, sont peut-être généralement occasionnés par quelque chose de cette nature. Mais, quelle que puisse être la cause de pareils vents, ils ne sont ni assez étendus, ni assez durables, pour avoir sur la température des saisons une influence sensible.

Les vents qui font l'objet de nos recherches, sont ceux qui sont habituels dans nos climats, qui soufflent long-tems dans la même direction, et viennent par conséquent de loin, affectés du chaud ou du froid, de l'humidité ou de la sécheresse des grandes régions sur lesquelles ils ont passé. Il n'y a que les vents dominans qui puissent caractériser nos saisons, et ceux-là ont une cause bien différente de celle qui produit les ouragans passagers dont nous avons fait mention.

L'océan atlantique, les parties occidentales de l'Europe et de l'Afrique, avec les côtes orientales de l'Amérique du nord et du sud, sont tous placés dans la même circulation d'air; ou, pour mieux dire, il y a, en quelque sorte, une double circulation qui occupe tout cet océan et les côtes adjacentes, depuis environ 60 degrés de latitude septentrionale, et probablement jusqu'au même degré de latitude méridionale.

Dans les latitudes équatoriales de cette région, le vent souffle constamment de l'est à l'ouest, depuis la côte d'Afrique jusqu'à la côte d'Amérique; il y porte le nom de vents alisés. Quand ces vents alisés atteignent la côte d'Amérique, ils y sont interrompus; ce continent limitant leur cours dans cette direction.

Comme ces vents ne soufflent point à travers le continent de l'Amérique, la conséquence nécessaire en est, que l'air qu'ils ont amené avec eux doit tourner au nord et au sud, et puis revenir remplir le vide partiel qui est constamment produit sur la côte occidentale d'Afrique, par l'enlèvement de l'air qu'emportent les vents alisés. De cette manière, la portion d'air apportée par les vents alisés, qui tourne au nord lorsqu'elle est interrompue dans son cours par le continent de l'Amérique, traverse l'océan atlantique dans la zone tempérée du nord, et arrive jusqu'à la côte d'Europe ; puis, tournant au midi, elle rentre dans les vents alisés, sur ou près la côte d'Afrique. Cette portion d'air, au contraire, qui, lors de l'interruption des vents alisés sur la côte d'Amérique, avait tourné au sud, retraverse l'Atlantique dans la zone tempérée méridionale, jusqu'à ce qu'étant parvenue à la côte d'Afrique, elle retourne au nord, et vient rejoindre de nouveau les vents alisés sur cette côte.

De cette manière, les vents alisés forment réellement une circulation double, semblable à deux bandes circulaires un peu elliptiques, placées, l'une au nord, et l'autre au sud de l'équateur, mais si près l'une de l'autre, qu'elles se touchent et confondent leurs côtés contigus, au point de former, dans les latitudes équatoriales, un seul courant qui constitue les vents alisés.

La région des calmes, placée précisément au nord des vents alisés, et bien connue de nos marins, est le centre autour duquel se meut l'air de la circulation septentrionale : une semblable région de calmes, placée juste au sud des vents alisés, est le centre autour duquel se meut l'air de la partie méridionale de la circulation dont il s'agit.

L'existence de cette double circulation résulte si nécessairement du fait connu de l'existence des vents alisés, et de leur interruption en arrivant à la côte d'Amérique, qu'elle n'a guère besoin d'être prouvée par les tables d'observations. Toutefois, l'existence des vents d'ouest dans les zones tempérées, donne cette preuve. Or, tout homme qui a quelque connaissance de la navigation sur cet océan, sait que ces vents d'ouest sont les vents dominans sur l'Atlantique dans les zones tempérées; et les tables d'observations prouvent, que sur la côte d'Europe, jusqu'à 60 degrés ou environ, le vent souffle du côté de l'ouest les trois quarts du tems plein.

Si, maintenant, il ne se rencontrait aucune circonstance qui pût interrompre cette circulation, nous aurions aussi constamment des vents d'ouest dans les zones tempérées, que l'on a des vents d'est dans la région des vents alisés, seulement comme les deux régions par-dessus lesquelles l'air, dans cette hypothèse, passerait dans son cours de l'ouest à l'est, sont ensemble beaucoup plus larges que la seule région des vents alisés qu'ils parcourent de l'est à l'ouest, l'air, dans une telle circulation non interrompue, aurait un mouvement beaucoup plus lent, dans son cours de l'ouest à l'est, dans les deux zones tempérées, qu'il n'en aurait dans le cours opposé qu'il suit, dans la seule région étroite des vents alisés.

Mais il existe des interruptions, et c'est l'interruption de cette circulation qui produit nos vents variables, et qui cause la plupart des différences que nous trouvons entre la température et la fertilité des saisons d'une année à l'autre.

SECTION III. *Effets produits par nos vents dominans.* — Avant de rechercher les causes qui interrompent la circulation uniforme des vents alisés, et qui, par là, créent nos vents variables, remarquons quelques-uns des effets connus qui résultent de la circulation que nous avons décrite, telle qu'elle existe actuellement, nonobstant toutes les interruptions.

Sur la côte occidentale d'Afrique, dans les latitudes équatoriales, il règne un vent de terre presque perpétuel, l'air y étant emporté à l'ouest par les vents alisés. La conséquence qui en résulte, est que la terre y est grillée, et la sécheresse telle, que le pays est à peine habitable.

Dans les mêmes latitudes, sur la côte opposée, qui est celle d'Amérique, la terre est très-fertile et suffisamment arrosée, parce que le même vent alisé s'y trouve être un vent de mer.

Au nord des vents alisés, sur la côte orientale de l'Amérique occupée par les Etats-Unis, les vents dominans sont les vents d'ouest, parce que l'air des vents alisés y retourne à travers l'Atlantique, vers les côtes d'Europe. Des vents d'ouest, sur cette côte, sont des vents de terre; il suit de là, que les hivers de ce pays sont beaucoup plus froids et les étés beaucoup plus chauds que dans les mêmes latitudes en Europe, où le vent d'ouest vient de la mer.

C'est à ce vent d'ouest qui, dans les États-Unis, est un vent de terre, qu'il faut attribuer que leurs côtes sont non-seulement très-chaudes en été, mais encore très-sujettes aux sécheresses ; et elles le seraient encore bien davantage, si ce n'était par une autre circonstance que nous mentionnerons bientôt. Mais sur la côte occidentale d'Europe, ce même vent se trouve être un vent de mer; en conséquence, ces parties d'Europe qui y sont le plus exposées, comme l'Irlande, loin de souffrir habituellement de la sécheresse, souffrent beaucoup plus souvent par trop de pluie.

Quant aux vents alisés, ils sont produits par une combinaison de différentes causes que nous indiquerons ci-après. Parmi ces causes, l'influence du soleil en est une tellement puissante, que la principale force des vents alisés se trouve généralement dans la partie où cette influence opère le plus directement, ou près de cette partie. Par conséquent, la région de la principale force des vents alisés, se meut avec le soleil, des environs d'un tropique à ceux d'un autre; et dans nos hivers, lorsque la principale force des vents alisés se trouve près le tropique du sud, l'entière circulation d'air est si loin au sud, que Paris, quoique placé suffisamment dans la circulation pour en dériver ses vents habituels, se trouve cependant à cette époque si près de l'extrémité du coin nord-est de cette même circulation, et reçoit les vents d'ouest tellement brisés par les terres situées à l'occident, qu'il a alors moins de vents d'ouest et moins de pluie que l'Irlande, la Bretagne et plusieurs autres pays. Dans nos étés, au contraire, la région des vents alisés étant transportée proche le tropique du nord, toute la circulation d'air est tellement portée au nord, que Paris se trouve placé davantage dans le fort du courant, et c'est là probablement la raison pour laquelle il y a tant de pluie de plus en été qu'en hiver.

Une cause semblable influe d'une manière très-favorable sur le climat des États-Unis. En hiver, lorsque la région des vents alisés est reculée vers le sud, et que leur cours est arrêté par la côte de l'Amérique méridionale, les États-Unis se trouvent tellement sur le bord nord-ouest de la circulation d'air, qu'ils ont beaucoup de vent du nord-ouest, qui, chez eux, amène du tems serein et sec, mais qui, probablement, augmenterait la sécheresse de ce pays, si ces mêmes vents dominaient autant en été qu'ils le font en hiver; mais en été, la région des vents alisés étant près du tropique du nord, et les vents alisés s'étendant dans la baie du Mexique, les États-Unis, placés plus complètement dans la circulation de cet air, respirent une grande portion du vent du sud ouest, et même des vents du sud, lesquels sont tous deux, plus ou moins, vents de mer, et empêchent la sécheresse qu'occasionneraient les vents du nord ouest, qui dominent dans leurs hivers, s'ils y régnaient autant en été que dans la saison opposée.

SECTION IV. *Cause des vents d'équinoxe.* — Nos vents d'équinoxe paraissent également dépendre du mouvement de la région des vents alisés.

Comme la région de la principale force des vents alisés se meut avec le soleil, du voisinage d'un tropique à celui de l'autre, elle passe l'équateur à chaque équinoxe ; mais comme ni le soleil ni la région des vents alisés ne font pas sensiblement plus ou moins de séjour sur la ligne équatoriale, que sur aucun autre parallèle de latitude près de là, le simple passage sur cette ligne, qui ne diffère d'aucun autre parallèle, ne paraît pas, au premier aspect, devoir occasionner aucun dérangement sensible dans le cours ordinaire de l'air.

Au tems des solstices, la région des vents alisés reste environ deux fois aussi long-tems sur les mêmes parallèles de latitude, qu'elle demeure dans aucun autre tems sur les parallèles intermédiaires ; elle y est arrêtée dans sa marche vers une direction, et prenant la direction opposée, elle retourne vers l'autre tropique. D'après cela, on croirait peut-être que ces circonstances dussent produire quelques changemens ; cependant il ne paraît pas qu'aucune interruption sensible dans la circulation régulière de l'air, ait lieu aux solstices.

L'auteur de cet Essai, en sa qualité de cultivateur, a, à la vérité, quelqu'idée qu'à Paris et dans les environs, les derniers trois jours de Juin, et les cinq premiers jours de Juillet, fournissent communément plus de pluie qu'aucune autre huitaine de jours que ce soit dans l'année. Mais ses observations, à ce sujet, n'étant ni assez multipliées, ni assez étendues, il ne peut les présenter que comme des données purement conjecturales, que d'autres observations doivent confirmer ou rejeter.

Si le fait existe tel qu'il le soupçonne, on pourrait peut-être l'attribuer à la longue résidence des vents alisés sur les parallèles proches du tropique, précisément dans le tems où Paris se trouve le plus complètement dans la circulation d'air ; et ce serait une preuve, non pas d'une interruption dans la circulation d'air, mais plutôt d'une circulation plus longue qu'à l'ordinaire, sans interruption.

Nos vents d'équinoxe paraissent plutôt être occasionnés par la figure de la côte occidentale d'Afrique et de la côte orientale d'Amérique sous l'équateur, auprès duquel, dans le tems où ces vents règnent, se trouve être la région de la principale force des vents alisés.

Les côtes de ces deux continens s'étendent généralement du nord au midi; mais presqu'exactement sous l'équateur, elles prennent toutes les deux une direction de l'est à l'ouest, ou réciproquement, de manière que la côte d'Amérique, située précisément sous l'équateur, ou très-peu au nord d'icelui, se trouve placée à une grande distance plus loin à l'ouest, qu'elle ne l'est peu de lieues au-delà vers le sud. La côte opposée, je veux dire celle d'Afrique, située dans les mêmes latitudes, prend aussi une figure semblable, à cet égard ; mais comme la côte d'Afrique est située à l'autre extrémité de la circulation, l'effet est un peu différent de celui qui est produit par la figure analogue de la côte d'Amérique.

Lorsque la région des vents alisés passe l'équateur à l'équinoxe d'automne, dans sa marche vers le sud, une grande partie de l'air de ces vents rencontre la côte d'Amérique, et est interrompue dans son cours, à 20 ou 30 degrés plus loin à l'est, qu'elle ne l'avait été avant l'équinoxe, lorsque la principale région des vents alisés était au nord de l'équateur, et lorsque ces vents entraient dans l'intérieur du golfe du Mexique.

La conséquence de ce changement de position dans la région des alisés, est que le golfe du Mexique et la grande baie, ou plutôt l'océan dans lequel sont situées les Antilles, sont subitement privés d'une grande portion d'air de ces vents, dont ils étaient jusqu'ici habituellement pourvus.

A l'équinoxe du printems, il arrive exactement le contraire ; car aussitôt que la principale force de la région des alisés passe l'équateur, dans son passage au nord, une grande partie de l'air apporté par les alisés, qui, jusqu'ici, avait été arrêtée sur la côte du Brésil, est alors subitement entraînée à plusieurs degrés plus loin vers l'ouest; et par conséquent cela amène une vaste quantité d'air à la région des Antilles et au golfe du Mexique.

L'effet de ces deux phénomènes, savoir, de ce que, d'une part, cette grande baie et le golfe du Mexique sont subitement privés de la quantité ordinaire d'air à l'équinoxe d'automne, et que, d'un autre côté, il leur est apporté une quantité plus qu'ordinaire à l'équinoxe du printems, est, dans les deux cas, de produire des vents violens, qui sont d'abord et plus fortement sentis aux Antilles, dans le golfe de Mexique et sur la côte voisine d'Amérique, mais qui, par fois, affectent chaque partie de cette grande circulation d'air.

Lorsque nous viendrons à considérer la combinaison des différentes causes qui produisent les vents alisés, nous verrons que la région de leur principale force, dans sa marche du voisinage d'un tropique à celui de l'autre, doit passer la ligne équinoxiale, quelquefois peu de jours avant l'équinoxe, quelquefois exactement à ce période, et quelquefois peu de jours plus tard. C'est là probablement la raison pour laquelle ces vents d'équinoxes paraissent avec la même irrégularité.

Le cours des vents d'équinoxe ne pourra jamais être calculé, car ils soufflent, comme l'on pouvait s'y attendre, dans toutes les directions, en différens tems, et rarement long-tems dans aucune direction quelconque. Ces vents n'étant pas très-durables, ou du moins ne soufflant pas long-tems dans une même direction, n'ont pas d'influence sensible sur la température des saisons. Cette même observation a été faite relativement aux ouragans passagers que nous avons mentionnés, et elle est également applicable aux brises de terre et de mer qui ont lieu autour des îles et des rivages, spécialement dans les climats chauds. Elle est applicable encore aux vents occasionnés par des ra-

factions et condensations locales, ainsi qu'aux vents faibles qui, dans beaucoup d'endroits, se font sentir près du rivage de la mer, et qui cessent ou changent de direction avec la marée, particulièrement dans ces tems où il n'existe pas d'autre cours d'air prédominant dans les environs.

Section V. *Interruption de la circulation régulière de l'air provenant des vents alisés.* — Les vents de courte durée et de peu d'étendue, dont nous venons de parler, proviennent tous d'autres causes que de celles qui occasionnent les vents de nord-ouest dans les Etats-Unis d'Amérique, et les vents de nord et de nord-est en France, lesquels, toutes les fois qu'ils dominent long-tems, amènent des hivers froids, des printems froids et tardifs, et des étés secs.

Ces vents, aussi bien que d'autres dont nous aurons occasion de parler, dépendent directement des interruptions de la circulation régulière de l'air des vents alisés. Ces interruptions étant la cause de tous les vents variables de quelqu'étendue et durée considérables, dans cette partie de la zone tempérée du nord qui est occupée par cette circulation, il est important de s'assurer de la cause qui les produit.

Il y a plusieurs parties de la région de cette circulation (nous parlons maintenant de la circulation du nord), dans lesquelles il ne se rencontre aucune interruption de quelque importance. Dans les vents alisés qui forment le côté du sud de cette région, il n'y a point d'interruption qui puisse produire les vents qui font l'objet actuel de nos recherches, car ils y soufflent constamment de l'est à l'ouest. Quelqu'interruption qu'il puisse y avoir sur la côte d'Afrique, où les vents alisés commencent, il ne paraît pas qu'elles soient de nature à affecter le courant de l'air à son retour vers l'est, à travers l'Atlantique, dans la zone tempérée; et dans cette partie de l'Atlantique, par-dessus laquelle cet air passe en revenant d'Amérique, il n'y a ni îles, ni autres terres qui paraissent capables de créer de grandes interruptions.

Il paraîtrait donc probable, que les causes de ces vents variables doivent se trouver dans quelques circonstances ou dans quelques événemens accidentels sur la côte d'Amérique, particulièrement au point où le cours des vents alisés est arrêté, et où l'air tourne au nord, et bientôt après au nord-est, le long de la côte.

Quoique le vent alisé ne souffle pas habituellement à travers le continent, et que le vent d'est ne soit pas non plus un vent ordinaire sur cette partie du continent, excepté près de la mer, néanmoins il y a des tems où le vent souffle de l'est sur cette terre; c'est-à-dire, il y a des tems où l'air des vents alisés n'est pas entièrement arrêté par la terre, mais où une partie est entraînée hors du circuit ordinaire, et traverse alors le continent.

Toutes les fois que ceci arrive, le coin de sud-ouest du grand circuit d'air dans lequel nous sommes placés, ce coin auquel les vents alisés sont arrêtés par le continent d'Amérique, ne reçoit pas son approvisionnement usuel d'air, et par conséquent il se forme un vide partiel, juste au nord des vents alisés, qui ne saurait être approvisionné d'air ni du sud, ni de l'ouest; car, au sud est le vent alisé qui passe à l'ouest, et qui par-là cause ce vide; et la même cause qui entraîne l'air des vents alisés à l'ouest, empêchera, aussi long-tems qu'elle continue, qu'aucun air ne retourne de l'ouest à l'est, pour rétablir l'équilibre dans cet endroit. La conséquence de cette circonstance est, que pour rétablir l'équilibre, il faut que l'air vienne du nord et de l'est, c'est-à-dire du nord-est. Mais ce n'est pas le tout que de remplacer le premier vide partiel; car aussitôt que l'air du nord-est est arrivé au point où ce vide partiel existait, il se trouve en contact avec ces vents alisés même, qui passent par dessus le continent, et par conséquent il est entraîné avec eux, par la même cause qui les entraîne eux-mêmes, et ceci continue jusqu'à ce que la cause cesse, ce qui prend communément quelques jours.

Ces circonstances produisent nécessairement les vents de nord-est bien connus, qui soufflent le long de la côte d'Amérique, depuis les bancs de Terre-Neuve, et quelquefois peut-être de plus loin, du côté du nord-est au sud-ouest, aussi loin que le golfe du Mexique, dans un cours directement opposé à celui du courant général de l'air, lorsqu'il exécute la circulation ordinaire, non-interrompue. Ce sont là, si on excepte les vents alisés, les vents les plus fortement caractérisés qu'il y ait dans la région de notre circulation septentrionale.

La preuve que ces vents de nord-est sont réellement occasionnés par la cause que nous avons mentionnée, ne dépend pas uniquement de la forte probabilité, qu'un vide partiel de cette nature doit quelquefois être produit de la manière que nous avons dit, et de la connaissance qu'un tel vide doit nécessairement produire cet effet, ou quelqu'effet de cette nature; car il y a, outre cela, deux faits bien connus qui viennent à l'appui de cette opinion.

Un de ces faits fut d'abord communiqué au public par le docteur Franklin, tandis qu'il était propriétaire et éditeur d'un journal à Philadelphie. Son état l'obligeait d'examiner les papiers-nouvelles de chaque partie des Etats-Unis, qui, alors, formaient des colonies séparées; et comme ces vents se présentent ordinairement plusieurs fois par an, il arrive fréquemment qu'un d'eux est suffisamment remarquable, soit par le dommage qu'il peut occasionner, ou par quelqu'autre raison, pour qu'il en soit fait mention dans la plupart de ces papiers. Franklin donc, observa que ces vents étaient uniformément cités, comme soufflant quelques heures, et même un ou deux jours plutôt dans les parties situées à l'extrémité du côté du sud-ouest, près le golfe du Mexique, qu'ils ne soufflaient du côté du nord-est, vers les bancs de Terre-Neuve. Depuis ce tems, la même remarque a souvent eu lieu, et le fait s'est trouvé constamment le même; c'est-à-dire, que ces vents commencent à souffler au sud-ouest, ce qui est *sous le vent :* par conséquent ils doivent être causés par un vide partiel et non par un excédent d'air.

L'autre fait se rapporte à la manière dont ces vents se terminent. Ils commencent à souffler du nord-est ; après quelque tems, ils tournent à l'est, puis au sud, et finalement au sud-ouest. C'est là leur caractère invariable ; et très-souvent leur violence ne s'abat qu'après qu'ils ont commencé à souffler du sud-ouest, qui est le cours de l'air dans ces parties, lorsqu'il exécute la circulation qui résulte des vents alisés.

C'est là exactement ce qu'on pourrait attendre de ces vents, s'ils étaient produits par le vide partiel que nous avons décrit à leur extrémité du côté du sud-ouest, ainsi que le verront facilement ceux qui examinent le sujet un peu en géomètres.

Jusqu'ici nous avons parlé uniquement de l'air des vents alisés qui passe à l'ouest à travers le continent d'Amérique, comme la cause des vents de nord-est le long de la côte de ce continent, et par conséquent de ce que l'air d'une grande partie de notre circuit, prend une direction opposée à celle de la circulation ordinaire.

Il se présentera cependant à l'esprit de tout le monde, que comme l'air des vents alisés, lorsqu'il est arrêté par le continent d'Amérique, tourne au sud aussi bien qu'au nord, et fournit aux deux circuits du nord et du sud, il doit fréquemment arriver qu'un de ces circuits reçoit plus et l'autre moins que la proportion ordinaire de cet air. Lorsque dans le circuit du nord, nous recevons plus que notre proportion ordinaire, cela peut, en général, ne produire aucune interruption considérable de la circulation dans notre circuit; car cet excédent n'entrerait probablement pas dans ce circuit, si la cause qui l'y attire n'était en état de le maintenir dans la circulation. Le principal effet résultant de ce que nous recevons plus que notre proportion de cet air, peut être uniquement de produire un vent un peu plus fort du côté de l'ouest, à travers l'Atlantique, dans le cours ordinaire de la circulation de l'air des vents alisés. Mais toutes les fois que la totalité de l'air des vents alisés, ou presque la totalité, est entraînée dans le circuit du sud, il doit produire, à peu de chose près, la même interruption dans notre circuit, que si tout cet air traversait le continent, et il ne peut guères y avoir de doute, qu'une grande partie des vents de nord-est sur la côte d'Amérique, particulièrement en hiver, ne provienne de cette cause, aussi bien que de ce que l'air des vents alisés traverse le continent.

Il est très-possible que les vents de nord-est, produits par l'enlèvement de l'air des vents alisés, qui passe dans le circuit du sud, diffèrent, en quelque chose, de ceux produits par l'enlèvement de l'air qui traverse le continent; il se peut, sur-tout, qu'ils diffèrent un peu à leur commencement. Il n'est pas impossible même, que leurs différences soient telles qu'ils puissent être distingués par leur apparition, quelque jour à l'avenir, quand ils auront été mieux étudiés; mais leur effet sur la côte d'Europe doit être à peu près le même, soit qu'ils proviennent de l'une ou de l'autre de ces causes.

Le premier effet de ces vents de nord-est est de priver l'Atlantique, dans la zone tempérée du nord, de sa provision ordinaire d'air ; car cet air, qui, dans la circulation ordinaire, arriverait des vents alisés par la côte de l'Amérique du nord, est maintenant reporté au golfe du Mexique, et de-là hors de notre circuit. Ceci détruit aussitôt l'équilibre sur l'Atlantique, où est produit un manque d'air qui ne saurait être rétabli de l'ouest ni du sud ; car, à l'ouest, l'air s'en va par les vents du nord-est, au golfe du Mexique, ou au continent de l'Amérique méridionale ; et quant à l'air qui pourrait venir du côté du sud, les vents alisés l'emportent par l'ouest au même point. Cet équilibre ne saurait non plus être rétabli par l'air venant du sud-est, car cet air est entraîné le long de la côte d'Afrique, pour remplacer le *déficit* occasionné constamment sur cette côte, par les vents alisés qui emmènent l'air à l'ouest. Conséquemment, cet équilibre ne peut être rétabli sur l'Atlantique, que par l'air du continent d'Europe, ou des parties plus septentrionales de l'Océan atlantique, ce qui nécessairement produit des vents d'est ou de nord-est sur notre continent, et particulièrement en France, et dans les autres pays proche le rivage occidental de l'Europe.

Les vents d'est ou de nord-est, en France, paraissent si nécessairement être l'effet de ce que l'air des vents alisés est enlevé hors de notre circuit, au point où ils rencontrent le continent de l'Amérique, qu'on peut croire que jamais ces vents ne manquent de résulter de ce phénomène.

Nos vents de sud et sud-ouest, en France, y

sont peut-être généralement produits par la même cause. C'est à-dire, lorsque l'air des vents alisés s'en va pour quelque tems hors de notre circuit septentrional, soit dans le circuit méridional, soit à travers le continent d'Amérique, alors sont produits les vents de nord-est le long des côtes de l'Amérique septentrionale, et par conséquent des vents d'est ou de nord-est sur le continent d'Europe, qui continuent de souffler jusqu'à ce que l'air des vents alisés arrive, d'après le cours ordinaire par les vents d'ouest, pour remplir le vide partiel créé constamment sur la côte d'Afrique, où commencent les vents alisés. Mais quand, après une relâche de plusieurs jours, l'air provenant de la circulation des vents alisés, arrive de nouveau sur la côte d'Afrique, la place est déjà occupée par l'air provenant de nos vents d'est et de nord-est, ou d'autres vents du continent. Conséquemment, au lieu d'un vide partiel, comme auparavant, il y a maintenant un trop plein, un excédent au delà de ce que les vents alisés peuvent emmener, et cet excédent ne saurait s'échapper ni par le sud ni par l'ouest. Au sud, sont les vents alisés, qui, à la vérité, enlèvent une bonne partie du tout, mais qui ne peuvent enlever l'excédent, et à l'ouest est le vent d'ouest; conséquemment, la portion de cette double provision, qui ne peut s'en aller avec les vents alisés, va au nord ou au nord-est, et forme nos vents de sud ou de sud-ouest; et ceci peut être regardé comme la terminaison de nos vents d'est; car, aussitôt que cet excédent est enlevé, nous nous trouvons dans les vents d'ouest de la grande circulation.

Il paraît très-probable que tous les vents ordinaires, non seulement de la France, mais de l'Atlantique et des rivages adjacens, dans une grande partie de la zone tempérée, doivent être attribués à la circulation de l'air des vents alisés, ou aux interruptions de cette circulation sur la côte d'Amérique. Toutefois, on ne saurait présumer que les vents d'aucune partie de cette région étendue, soient entièrement exempts de l'influence d'autres causes : près des parties extérieures sur-tout du circuit, l'influence des circulations voisines doit être considérable. Mais si nous pouvions prévoir exactement, quand et à quel degré les interruptions de cette circulation dans le circuit septentrional auront lieu, nous aurions fait un grand progrès dans la science, car par cette connaissance, non-seulement nous serions en état d'apprécier l'effet des causes qui concourent le plus immédiatement à produire nos vents variables, mais nous aurions un bon nombre d'élémens pour calculer les variations dans les circulations voisines, lesquelles, dans leurs effets, ont une influence sur la circulation dans laquelle nous sommes placés. Nous sommes, toutefois, bien loin de posséder des données suffisantes pour ces calculs.

Section VI. *Pour produire des vents variables, il faut nécessairement qu'il y ait un concours de plusieurs forces.* — Avant de rechercher par quelle cause immédiate l'air des vents alisés est occasionnellement entraîné hors de notre circuit septentrional, événement par lequel sont produits les vents variables de l'Atlantique et des côtes adjacentes dans la zone tempérée du nord, il est à propos d'examiner : *Quel concours de circonstances est nécessaire pour produire des vents variables ?*

A cet effet, recherchons en peu de mots :

1.° Quels vents existeraient, si l'atmosphère de notre globe n'était pas soumise à l'influence du soleil, de la lune ou de tout autre corps éloigné?

2.° Quels vents existeraient, si notre atmosphère restait soumise à l'influence de la terre et du soleil, comme elle l'est maintenant, mais sans être influencée par aucun autre corps ?

3.° Quelle combinaison d'influence est nécessaire pour produire des vents variables quelconques?

Si notre terre continuait ses mouvemens diurnes et annuels, et que néanmoins l'atmosphère restât étrangère aux impressions du soleil, de la lune et de tout autre corps éloigné, il semblerait que l'atmosphère, gouvernée dans sa rotation par les mêmes lois que la terre, l'eau et les autres parties de notre globe, roulerait avec elles ; en conséquence, l'air, quant à sa position relativement au globe qu'il entoure, resterait aussi stationnaire que l'eau, et nous n'aurions aucun vent quelconque. Cette opinion paraît non-seulement fondée sur des principes physiques, mais elle a encore en sa faveur le témoignage de nos sens ; car le globe exécute constamment les mouvemens que nous supposons ici, et cependant nous ne voyons pas de courant d'air, qui puisse être attribué à ces mouvemens. Mais dussions-nous adopter ce qui ne paraît être qu'une idée erronée de quelques physiciens, et supposer qu'un courant d'air fût produit, en pareil cas, par la force centrifuge et par les pesanteurs inégales des différentes parties de notre atmosphère, néanmoins, ce courant d'air n'étant influencé par aucune autre cause, serait constamment le même tout le long de l'année, et aussi régulier que le mouvement de la terre, dont il serait le résultat. Voilà le seul vent qu'il serait possible que nous eussions, et à peine même paraît-il que nous pussions aveir celui-là.

Si, dans notre supposition, nous faisons un pas de plus pour nous approcher davantage de l'état actuel des choses, et si nous supposons que notre atmosphère soit en plein sous l'influence de la terre et du soleil, mais sans éprouver celle d'aucune autre cause, nous aurons alors des vents qui varieront d'une saison à l'autre, exactement selon que l'influence du soleil, seule cause de leur existence, variera.

Or, non seulement la figure de la terre, prise comme un tout, mais encore celle de ses différentes parties principales, telles que les continens, les mers et les montagnes, demeure à peu de chose près la même d'année en année. Pareillement, la nature, le volume et le poids de l'atmosphère restent à peu près les mêmes; les mouvemens et les positions de la terre, relativement au soleil, à l'aide desquelles nous calculons nos saisons, sont à peu près les mêmes chaque année. Par conséquent, chaque partie de la terre est à peu près également exposée, chaque année, à la chaleur du soleil et aux raréfactions, condensations et autres influences qui peuvent résulter de cette cause. Bref, toutes les circonstances relatives à la nature de l'atmosphère, à la figure de la terre et à sa position à l'égard au soleil, sont réellement les mêmes, ou à si peu de chose près les mêmes chaque année, que si les courans d'air n'éprouvaient point d'impression de la part de quelque corps autre que la terre et le soleil, on pourrait s'attendre à ce que ces courans fussent aussi régulièrement les mêmes tous les ans, que le sont les courans d'eau dans les rivières; peut-être même leur régularité serait-elle plus grande.

Ce n'est pas toutefois que le soleil ne produise point d'effet sur les courans d'air; le contraire est trop visible dans les vents alisés et dans les brises de terre et de mer, proche les rivages, dans les climats chauds, pour admettre seulement le doute. Il se peut même que le soleil produise de différentes manières, plus d'effets sur les courans d'air, que n'en produit aucune planete quelconque. Mais comme l'influence du soleil sur une partie quelconque de notre globe est la même à chaque jour correspondant de chaque année, nous aurions à un jour donné quelconque de l'année, toujours le même vent, le même degré de chaleur et la même quantité d'humidité, si nulle autre cause que le soleil n'exerçait son influence.

En général, l'influence du soleil, ni aucune autre influence isolée et uniforme, ne sauraient produire des vents variables, c'est-à-dire des vents qui ne varient pas simplement de saison à saison, comme les saisons elles-mêmes varient, mais qui soient différens en force et en direction dans les saisons correspondantes, ou dans les jours correspondans de différentes années, ou à d'autres époques correspondantes de la période de tems dans laquelle la cause agit ou exerce son influence.

Pour produire des vents variables tels que nous venons de les décrire, il est évident que l'influence de quelqu'autre corps agissant d'une manière opposée à l'action du soleil, ou d'une manière différente de cette action, doit être combinée avec l'influence de ce dernier corps. Et même il ne suffit pas, pour produire des vents variables, que l'influence des deux puissances soit simplement combinée; il faut encore que celles-ci soient combinées de manière que les variations dans l'intensité de leur influence, ou dans les points de la terre sur lesquels elles agissent, ne coïncident pas aux mêmes périodes de tems; car deux puissances agissant uniformément ensemble, produiraient des effets aussi uniformes que ceux que produirait une puissance unique.

Il paraît donc que rien ne saurait produire nos vents variables sur aucune partie du globe, si ce n'est l'influence de deux puissances, au moins, agissant l'une à l'égard de l'autre, différemment en différens tems, et il paraît que ces différentes forces doivent être quelques-uns des corps célestes.

SECTION VII. *Circulations dans l'Océan.* — Avant de rechercher la manière dont quelques-uns des corps célestes peuvent produire nos vents, et particulièrement les vents alisés, avec la circulation d'air qui en dépend, telle que nous l'avons décrite, il est bon d'observer que, dans la région de cette circulation, il existe aussi une circulation des eaux de l'Océan, qui ressemble exactement à celle de l'air de l'atmosphère.

Les courans, dans nos rades et autour de nos promontoires, sont facilement découverts, et leur vitesse se mesure sans difficulté; mais ces courans étant généralement l'effet que produit la configuration de la terre sur les mouvemens de la marée, à l'endroit où ces courans existent, ils sont de peu d'étendue, tandis que les grands courans de l'Océan, ceux qu'il nous importerait le plus de connaître pour notre objet, s'observent difficilement, et ont été fort peu étudiés.

Il est cependant bien connu que dans les latitudes équatoriales de l'Atlantique, il y a un mouvement lent, mais constant, des eaux de l'est à l'ouest; et que près de la côte d'Amérique, au point où l'air des vents alisés tourne au nord et au nord-est, il y a aussi dans cette dernière direction, un fort courant dans l'Océan, qui s'étend à partir du golfe du Mexique, quelquefois aussi loin que le Banc de Terre Neuve, puis tourne à l'est et au sud, tandis que d'autres fois, particulièrement vers le solstice d'hiver, il tourne à l'est et au sud, avant d'arriver aussi loin au nord.

Quoique l'existence de ce courant n'ait été constatée par des observations, que dans quelques parties seulement de la région de la circulation septentrionale des vents alisés, cela est suffisant, toutefois, pour prouver qu'il existe une circulation dans l'Océan, semblable à celle qui existe dans l'air. Car un courant aussi étendu que celui appelé par les Anglais, *le courant du Golfe*, et par les navigateurs français, *le courant de la Floride*, ne pourrait jamais s'étendre du golfe du Mexique au nord-est et puis au sud-est, à moins d'être fourni d'eau des latitudes équatoriales; et les eaux amenées aux parties septentrionales et orientales de l'Océan, ne pourraient non plus trouver une issue, si elles ne rentraient pas dans la circulation, dans les latitudes équatoriales, où l'eau se meut à l'ouest, pour fournir au courant près le golfe du Mexique.

Il a existé, à la vérité, une idée très-vague, que les eaux de ce courant pourraient provenir du Mississipi et des autres rivières qui se jettent dans le golfe du Mexique. D'abord, il n'est guères probable que toutes ces rivières puissent fournir beaucoup plus d'eau qu'il n'en faut pour remplacer l'évaporation de ce golfe, placé dans les régions chaudes de l'équateur. Mais quand même la totalité des eaux de toutes ces rivières entrerait dans le courant de la Floride, sans rien perdre par l'évaporation, en passant à travers 12 à 15 degrés de longitude, dans ces chauds parallèles; toutefois les bouches de toutes ces rivières, prises aux endroits où le courant est sensible, ne sauraient guères excéder 6 à 8 lieues de largeur, et trois ou quatre toises de profondeur, ce qui ne peut, en aucune proportion, fournir l'eau qui compose ce courant dans l'Océan, ayant un ou deux degrés de largeur, et une profondeur incommensurable.

D'ailleurs, on n'a jamais observé qu'il sortait un courant plus fort des bouches de ces rivières dans le golfe du Mexique, qu'on n'en aperçoit près l'embouchure d'autres grandes rivières dans d'autres mers où le courant se réduit à presque rien, à une petite distance seulement du rivage. Dans le fait, ces rivières n'apportent que très-peu d'eau à l'Océan, durant les mois d'été, ce qui est exactement le tems où l'on croit généralement que le courant de la Floride est le plus fort; il y a plus; le courant lui-même n'a jamais été trouvé très-rapide près l'embouchure de ces rivières.

Il paraît donc clair que ce grand courant est approvisionné d'eau des latitudes équatoriales de l'Océan, laquelle par un mouvement d'est à l'ouest, se meut dans la région des vents alisés, jusqu'à ce qu'elle soit arrêtée par le continent d'Amérique, exactement comme l'air des vents alisés est arrêté au même endroit, et alors l'eau comme l'air, tourne au nord et au nord-est, et puis à l'est et au sud-est, jusqu'à ce qu'elle atteigne, comme nous avons dit, les latitudes des tropiques près la côte d'Afrique, lorsqu'elle se trouve de nouveau dans le courant vers l'ouest.

La principale différence qu'on remarque dans la circulation de ces deux fluides, résulte de la circonstance, que toute l'eau qui arrive de l'est dans les latitudes équatoriales, est uniformément arrêtée par la côte d'Amérique, et par conséquent la circulation dans l'Océan continue toute l'année, aussi non-interrompue que nous avons dit que serait celle de l'air, s'il était entièrement et uniformément arrêté par ce continent.

La vîtesse du mouvement de l'eau, qui, dans le courant de la Floride, se trouve plus grande que dans les autres parties de la circulation, est évidemment l'effet de la configuration de la terre au golfe du Mexique et dans les parties voisines, ce qui, par conséquent, ne tend qu'à prouver davantage la similitude générale dans la circulation des deux fluides.

En addition à ces deux circulations, l'une de l'air de l'atmosphère, et l'autre des eaux de l'Océan, il y a aussi dans la même région une circulation semblable des oscillations des marées.

Ces oscillations, qui sont visiblement produites par l'influence du soleil et de la lune, se meuvent de l'est à l'ouest dans toutes les latitudes équatoriales, et avec la même vîtesse avec laquelle se meuvent les corps qui les produisent. Parmi toutes les différentes opinions relativement aux marées, on n'a jamais douté de ce fait, qui ne paraît pas même susceptible d'un doute.

Mais lorsque ces oscillations arrivent sur la côte d'Amérique, leur cours dans cette direction est arrêté, exactement comme l'est le courant horizontal des vents alisés, et le courant semblable de l'eau de l'Océan dans la même région. Or, il paraît que ces oscillations, lorsqu'elles se trouvent arrêtées, sont forcées de prendre la même direction que les deux autres circulations; et que par conséquent, nos marées dans la zone tempérée, ne sont pas produites immédiatement et directement par l'attraction du soleil et de la lune, comme elles le sont sous l'équateur, mais que ce sont seulement des dérivations de celles qui existent dans les latitudes équatoriales.

Que nos marées aillent de l'ouest à l'est, dans une direction opposée à celle des marées sous l'équateur, c'est ce qui paraît fortement probable par l'existence d'un courant ou mouvement horizontal de l'eau dans cette direction; car il paraît très-difficile de supposer un mouvement horizontal de l'eau dans une direction, et un mouvement des oscillations dans une direction opposée, à moins que le dernier ne soit occasionné par un courant dans d'autres eaux que celles où les oscillations prennent leur origine, comme aux embouchures des rivières. Les marées, c'est-à-dire les oscillations aux embouchures des rivières, remontent à la vérité la rivière, tandis que le courant ou le mouvement horizontal de l'eau va vers l'Océan. Mais ceci est occasionné par le courant de la rivière qui porte de l'eau à l'Océan, d'une élévation plus grande, et qui se trouvant arrêtée par la montée du flux à l'embouchure de la rivière, coule d'abord plus lentement, et par conséquent s'élève tout comme elle ferait, si l'on avait construit une digue partielle à l'embouchure de la rivière; et après avoir coulé pendant quelque tems, toujours plus lentement, si le flux continue d'augmenter, le courant prend la même direction que le mouvement de l'oscillation, c'est-à-dire en remontant la rivière. L'observation des courans aux embouchures des rivières, fournit une forte preuve qu'il existe toujours un courant dans la direction dans laquelle les oscillations se meuvent, toutes les fois qu'un courant opposé n'est pas occasionné par les eaux qui viennent d'une élévation plus grande.

Si les marées dans nos parallèles étaient produites directement par l'attraction, comme dans les latitudes équatoriales, nous ne pourrions avoir que très-peu d'oscillations dans nos mers, et très-peu de marée dans nos rades. L'attraction qui produit un flux et reflux alternatif sous l'équateur, ne produit aucun effet aux pôles, où il ne saurait y avoir ni flux ni reflux; donc, l'élévation qui est la plus grande sous l'équateur et rien aux pôles, ne serait, dans nos parallèles, moitié aussi considérable, par l'attraction directe, que sous l'équateur. Et tandis que dans ce même système nous n'aurions pas moitié autant d'élévation de marée, qu'il en est produit sous l'équateur, le peu que nous pourrions avoir ne se mouvrait pas de l'est à l'ouest, avec moitié de la vitesse avec laquelle l'oscillation se meut sous l'équateur, où les degrés du méridien sont deux fois aussi larges; par conséquent, sur nos rivages et dans nos rades, nous ne pourrions avoir un quart de la marée qui existe sur les rivages dans les latitudes équatoriales; et comme l'Océan dans nos parallèles, est si étroit qu'il laisse peu de place au mouvement, nous n'aurions probablement pas un sixième, peut-être pas un dixième de la marée qui existe sous l'équateur, si les nôtres étaient produites comme les dernières, directement par l'attraction.

Cependant, nous sommes si éloignés d'avoir, dans une telle proportion, moins de marée qu'il n'en existe dans les latitudes équatoriales, que généralement on suppose que nous en avons davantage. Dans le fait, nous en avons probablement autant en masse, quoique par suite de la configuration de la terre, la totalité soit plus inégalement divisée dans nos ports, et nous en avons certainement plus qu'il n'en existe sur l'Atlantique, dans la zone tempérée méridionale, où l'Océan est tellement large, qu'il admettrait plus d'élévation par attraction, qu'il n'en saurait être produit dans nos parallèles.

Mais ce qui paraît prouver sans équivoque, que nos marées ne sont pas produites comme sous l'équateur; qu'elles sont secondaires ou dérivées, et qu'elles viennent d'une grande distance, c'est qu'elles sont, comme nos auteurs assurent, un jour et demi, c'est-à-dire trois marées en arrière de la cause qui les produit, retard que nos géomètres attribuent à l'inertie de l'eau.

Que l'inertie de l'eau augmentée par les inégalités de l'Océan, qui effectivement produisent les mêmes effets, soit la cause pour laquelle l'oscillation n'obéit pas instantanément, même à l'endroit où l'attraction est la plus directe, et que par cette raison, l'eau, sous quelque méridien particulier, continue de s'élever pendant quelques minutes où même pendant une heure ou deux, après que l'influence de la puissance qui l'élève a cessé d'être la plus directement au-dessus du méridien, et que par conséquent l'influence opposée, celle qui produit le reflux, commence à opérer avant que le flux ait atteint sa pleine hauteur, c'est ce à quoi on pourrait s'attendre; et la conséquence nécessaire de cette circonstance doit être qu'il y ait moins de flux et de reflux qu'il n'y en aurait, si cette inertie était moins considérable.

Mais aucune inertie ne saurait être la cause, qu'à l'endroit où la marée est produite immédiatement par l'attraction, il y ait aujourd'hui un grand flux résultant d'une forte attraction qui existait il y a un jour et demi, laquelle forte attraction a déjà été trois fois réduite à rien, par trois reflux. Si donc, la syzygie qui a eu lieu il y a un jour et demi, a produit notre grande marée d'aujourd'hui, il faut que cette marée ait été produite si loin de nous, qu'elle ait mis un jour et demi à parvenir jusqu'à nous.

Dans un autre endroit, nous donnerons nos raisons pour croire qu'il y a une erreur de quelques heures dans ce calcul, et que nos marées ne sont pas, comme l'on suppose, un jour et demi en arrière de l'attraction qui les produit; mais cette erreur de six ou douze heures, si elle existe, ne saurait être de quelqu'importance, quant à l'existence du principe.

Si, d'un côté, les observations fournissent une forte preuve de la circulation des oscillations, cette même circulation nous mettra en état d'expliquer plusieurs phénomènes constatés par les observations.

Elle nous expliquera, par exemple, pourquoi il y a généralement plus de flux dans notre région, comparativement très étroite, de l'Atlantique dans la zone tempérée du nord, qu'il n'y en a dans la zone tempérée du sud, où un océan plus large permet aux marées dérivées des latitudes équatoriales, de s'étendre sur un grand espace. Par suite de cette même largeur de l'Océan, il y aurait, au contraire, plus de marée dans la zone tempérée méridionale que dans la septentrionale, si les marées, au lieu d'être dérivées des latitudes équatoriales, étaient produites directement par l'attraction comme sous l'équateur.

Cette circulation des oscillations doit aussi avoir sa région des calmes au centre, comme les deux autres circulations; et dans cette région, il ne saurait y avoir que peu ou point d'oscillations des marées, de même qu'il y a peu ou point de mouvement horizontal d'air ou d'eau dans cette région des deux circulations horizontales de ces fluides. Il n'est donc pas étonnant que ceux qui ont fait des observations dans de petites îles dans la région des calmes, ou même dans le vaste océan de la zone tempérée méridionale, aient fréquemment trouvé peu de marée, quelquefois seulement quelques pouces.

Cette circulation, jointe à la circulation dans le mouvement horizontal de l'eau ou du courant de l'Océan, explique pourquoi les marées dans ces ports de nos côtes qui sont ouverts à l'ouest, sont plus considérables que sur la côte opposée qui fait face à l'est. C'est ainsi que la longue pointe de terre qui compose le département de la Manche, dont le rivage occidental arrête le courant des marées de l'ouest, est la cause que les îles de Jersey, Guernesey et les petites îles auprès, ont 28 à 30 pieds de marée, et que tout à fait au fond de la baie formée par cette pointe, comme à St-Malo, à Cancale et au mont St-Michel, il y a même 45 pieds de marée, tandis qu'à l'extrémité de ce cap, comme à Cherbourg, la marée n'excède pas 20 pieds, et qu'au côté oriental du cap, à la Hogue, elle n'a que 16 pieds. Ce courant à l'ouest, est la cause qu'il y a généralement plus de marée sur notre côte de la baie de Biscaye, qu'il n'y en a sur la côte espagnole de la même baie.

Quoique les courans dans nos parallèles soient à l'ouest, et produisent de grandes marées dans nos ports qui sont ouverts à l'ouest, néanmoins quelques degrés plus loin, vers les vents alisés, cette circulation doit faire aller le courant presque au sud, pour joindre le courant dans cette région; par conséquent la côte occidentale d'Espagne et celle du Portugal, sont presque parallèles avec le courant, et n'ont que peu de marée.

Ce courant de l'ouest, dans nos latitudes, explique pourquoi la marée à Brest, port directement ouvert au courant de l'Océan, est, ainsi que l'assurent nos auteurs, dix minutes plus long-tems à baisser qu'elle n'est à monter.

Tout ce que nous avons dit au sujet des marées, est, en quelque sens, une digression de notre sujet principal; mais nous nous y sommes arrêtés à cause de la similitude qu'il y a entre le courant de l'air et celui de l'eau.

Il paraît clair qu'il existe une circulation triple, celle des oscillations des marées de l'Océan, celle du mouvement horizontal de l'air des vents alisés, et celle d'un mouvement semblable des eaux de l'Océan.

Toutes ces circulations ou courans prennent leur direction de l'est à l'ouest, à travers l'Atlantique, dans les latitudes équatoriales; elles sont toutes arrêtées au continent de l'Amérique; et là, elles tournent au nord et nord-est, le long des côtes d'Amérique, puis à l'est, à travers l'Atlantique, et après au sud-est et au sud, pour rentrer dans la circulation, dans les latitudes équatoriales. Ces circulations sont si parfaitement les mêmes, qu'il serait plus exact de ne les appeler qu'une seule circulation, et cela d'autant plus, qu'il est palpable que chaque cause qui tend à produire les marées, et le courant secondaire qui en résulte dans l'Océan, doit également affecter l'atmosphère, laquelle, quant aux effets de l'attraction, n'est que la surface de l'Océan; ensorte que, sous ce rapport, ces deux corps ne forment qu'une masse de fluide.

Section VIII. *Cause des vents alisés.* — Les attractions des corps célestes, et sur-tout du soleil et de la lune, sont si évidemment la cause des oscillations de l'Océan, et directement ou indirectement la cause de leur mouvement de l'est à l'ouest dans les latitudes équatoriales, qu'il est impossible de s'y méprendre; et il est difficile de croire que la même cause ne soit pas commune aux autres mouvemens, et particulièrement à celui de l'atmosphère dans la région des vents alisés.

Nos géomètres, cependant, nient cela. Ils prétendent avoir démontré par l'analyse, que l'attraction du soleil ou de la lune ne saurait avoir aucun effet sensible pour produire les vents alisés ou les courans dans l'Océan.

Nous croyons, de notre côté, que toutes ces démonstrations n'ont pas été plus loin qu'à démontrer que l'influence que peut avoir l'attraction du soleil ou de la lune, pour faire aller les molécules d'air dans une direction horizontale, est peu de chose, et doit être, à si peu de chose près, égale dans les deux directions opposées, qu'il n'en saurait résulter aucun effet sensible.

Si c'est là, en effet, tout ce qu'ont prouvé ces démonstrations analytiques, le seul étonnement qu'elles puissent occasionner, doit être qu'on ait pu supposer qu'aucune analyse au monde pût rendre cette vérité plus certaine, ou l'évidence plus claire; et la seule erreur qu'on puisse leur reprocher, c'est que, suivant quelques géomètres, au moins, ils donnent pour résultat, que cette attraction peut, de cette manière, avoir une petite tendance à produire un mouvement horizontal de l'est à l'ouest, mais si faible, qu'elle devient insensible ; tandis que, sans aucune analyse, il est évident que cette influence doit être rigoureusement *zéro*.

Si le globe était entièrement fluide, ou s'il était enveloppé d'un fluide à une hauteur considérable au-dessus de la surface, et s'il se mouvait dans son orbite sans tourner sur son axe, et sans être influencé par aucun astre, excepté par le soleil autour duquel il se meut, chaque molécule du fluide serait influencée par sa propre gravitation, par l'attraction du soleil, et par cette force centrifuge qui retient le globe dans son orbite.

Le globe ou le fluide dans lequel il est enveloppé, prendrait dans ce cas et en conséquence de cette combinaison de puissances, une figure telle, que chaque molécule serait en repos dans son équilibre; c'est-à-dire, que chaque particule serait en repos relativement à la terre et relativement à la figure de tout le fluide, dont elle ferait une partie. L'attraction du soleil n'attirerait pas une seule molécule de l'est à l'ouest, ni ne la déplacerait dans aucune autre direction, parce que toute l'attraction sur chaque molécule, serait absorbée ou employée pour tenir la molécule dans son équilibre, par le résultat de l'influence de toutes ces forces.

Si la partie solide de la terre tournait sur son axe, et que le fluide enveloppant ne tournât point, mais restât fixé comme dans la dernière supposition, chaque molécule resterait toujours immobile relativement à toute la figure du fluide dont elle est une partie, et relativement à chaque autre molécule du fluide; l'attraction, dans ce cas, ne pourrait déplacer aucune molécule, parce que toute l'attraction, comme la totalité des autres forces, est nécessaire pour maintenir le fluide dans sa figure. Mais si la figure du fluide était telle, que le fluide fût plus élevé au-dessus de la surface de la terre, dans quelques endroits que dans d'autres, comme ce serait ici le cas, alors il y aurait des oscillations, qui, relativement aux différens méridiens de la terre, se mouvraient avec la vîtesse avec laquelle se mouvrait la surface de la terre; et il y aurait un mouvement horizontal du fluide par-dessus la terre, avec la même vîtesse, chaque molécule de fluide gardant sa place relativement à chaque autre molécule.

Si le globe entier, y compris le fluide enveloppant, tournait sur son axe, la figure du fluide dans ses différentes parties, serait formée successivement par des molécules en mouvement; néanmoins, la figure vue du soleil, resterait aussi fixe que si le fluide ne tournait pas sur l'axe du globe, l'attraction du soleil ne pourrait pas plus changer cette figure, en déplaçant une molécule, que si le fluide ne tournait pas sur l'axe du globe.

Ainsi, dans toutes les suppositions possibles, la figure du fluide étant le résultat de l'influence des différentes forces sur les molécules du fluide, cette figure restera la même aussi long-tems que leur influence est la même; par conséquent, aucune de ces forces ne saurait déplacer une molécule, la totalité de chaque force étant employée à former la figure, et à maintenir chaque molécule dans la place nécessaire pour cette formation.

Mais quoique nous croyons avec les géomètres, que l'attraction du soleil ne saurait produire les vents alisés, *en sollicitant les molécules d'air d'aller de l'est à l'ouest*, néanmoins nous croyons que l'attraction des astres, et principalement celle du soleil et de la lune, est la cause de marées et d'oscillations semblables dans l'atmosphère. Nous croyons que ces oscillations, jointes à d'autres dont nous parlerons ci-après, et leur mouvement de l'est à l'ouest, produisent nécessairement un mouvement horizontal du fluide dans la même direction, et sont la cause des vents alisés ainsi que d'un courant dans l'Océan, dans les mêmes parallèles, et par conséquent des circulations que nous avons décrites dans ces fluides.

Les géomètres, toutefois, attribuent ce courant des vents alisés à une circulation très-différente, qui aurait son plan exactement perpendiculaire à celui de la circulation de l'air que nous avons décrite.

Ces messieurs disent que les vents alisés sont occasionnés par la densité de l'air, plus grande près des pôles, et par une constante raréfaction sous l'équateur, ce qui fait que l'air, sous l'équateur, s'élève à une hauteur plus grande, d'où il retombe par sa propre pesanteur vers les pôles, et crée ainsi une circulation d'air, qui se meut des latitudes polaires vers l'équateur, près la terre, et de l'équateur vers les pôles, dans les régions plus élevées.

Ce courant d'air près la terre, étant forcé d'abandonner les latitudes polaires, par le poids du courant arrivé des régions supérieures, se reporte des latitudes plus élevées avec un mouvement lent de rotation; c'est-à-dire, avec un mouvement de l'ouest à l'est, commun à la terre et à l'atmosphère, plus lent que celui de la surface de la terre à l'équateur, à proportion que les méridiens des latitudes d'où cet air vient, sont plus étroits que ceux de l'équateur. C'est pourquoi, dit la même théorie, lorsque cet air arrive près l'équateur, avec son mouvement lent de rotation, il se trouve sur des parallèles où la surface de la terre se meut tellement plus vîte que cet air, que tout ce qui est fixé sur la terre passe à côté de l'air, frappe contre, et lui donne l'apparence d'un mouvement dans la direction opposée, qui est celle des vents alisés.

Telle est la théorie des premiers géomètres, tirée des livres qui servent d'élémens aux professeurs, dans nos plus grandes écoles.

A moins que les auteurs et professeurs de cette théorie, ne nous donnent plus de développemens qu'il n'y en a dans leurs ouvrages, cette circulation supposée, et les courans présumés dans les régions supérieures de l'atmosphère, dans des directions opposées au courant près la terre, se concilieront très-difficilement avec les principes de physique et de mécanique.

Mais quand il serait possible d'expliquer l'existence d'une telle circulation d'accord avec ces principes, il resterait encore l'objection très-grave, qu'on ne cite pas une seule observation pour prouver qu'une pareille circulation existe.

Nous voyons, à la vérité, mais très-rarement, les nuages dans les régions élevées, se mouvoir durant un court espace de tems, dans une direction différente et même opposée à celle du vent près la terre. Mais ceci est si éloigné d'être l'apparence générale, que toutes les fois que nous voyons ce phénomène (car c'en est un), nous prédisons toujours un changement prochain dans le vent, changement qui ne manque jamais d'arriver dans l'espace de quelques heures, généralement même dans quelques minutes. Quelquefois, à la vérité, ce changement a lieu dans le courant supérieur, mais plus généralement on l'observe dans celui près la terre; mais l'un et l'autre ne manquent jamais de prendre la même direction dans un très-court période de tems.

Que nous voyions quelquefois si distinctement le phénomène rare de ces courans opposés, c'est si loin de fournir la preuve qu'ils existent habituellement comme les vents alisés, que c'est plutôt une preuve qu'ils n'exitent pas ainsi; car si cela était, nous verrions fréquemment ces courans opposés, et leur apparition, bien loin d'indiquer un changement soudain dans le vent, serait, au contraire, un fort indice que l'air est dans son cours habituel et réglé, et que par conséquent le vent ne va pas changer de direction de si tôt.

Si une circulation quelconque de cette espèce pouvait exister, l'air dans la région supérieure devrait se mouvoir très-lentement, vu le peu de hauteur à laquelle la raréfaction pourrait élever l'air au-dessus de l'atmosphère environnante, et par conséquent beaucoup plus que la moitié de l'air de notre atmosphère devrait être dans le courant supérieur. Mais s'il n'y a pas dans ce même courant supérieur plus de la moitié de l'atmosphère, toujours la totalité de l'air qui se trouve à plus de 2 à 3,000 toises au-dessus de la terre, doit se mouvoir dans une direction opposée au vent sur la terre, et par conséquent l'on verrait constamment beaucoup de nuages dans ce courant, et cela d'autant plus, que cette théorie suppose, contre toute probabilité, il est vrai, que ce courant supérieur se meut vers les pôles, parce que l'air qu'il contient est plus chaud que dans le courant près la terre; et si cela est ainsi, il faut qu'il y ait plus de nuages visibles dans ce courant que dans les parties supérieures du courant inférieur, puisque l'air plus chaud soutient une plus grande quantité d'eau. Or, si nous ne pouvons pas distinguer les courans supérieurs, au moins voyons nous assez les courans inférieurs dans lesquels nous vivons, et là nous n'apercevons rien de tout cela.

Les professeurs de cette théorie, ne nous disent pas jusqu'où ils supposent que leur circulation peut s'étendre vers les pôles; mais pour la faire répondre à leur but, de produire par son moyen les vents alisés, par le mouvement lent de rotation qu'a l'air du courant inférieur, il paraît qu'ils supposent que la circulation s'étend au moins à quelque distance dans la zone tempérée, et que, par conséquent, il doit exister sur une bonne partie de la zone tempérée, un vent habituel qui souffle vers l'équateur, ce qui est très opposé à ce que nous voyons; car les vents sur l'Atlantique, dans cette zone, viennent généralement de l'ouest, rarement du nord; et proche la région des vents alisés, il y a une région considérable de calmes, dans l'étendue de laquelle il n'y a point de courant. Ainsi, de quelque manière qu'il en soit avec le courant supérieur de cette théorie, le courant inférieur n'existe point, à moins que ces messieurs ne limitent leur circulation à des parallèles entre les deux régions de calmes.

Si l'on suppose que cette circulation est limitée de cette manière, elle ne saurait s'étendre beaucoup au-delà des tropiques, peut-être même quelquefois pas aussi loin; par conséquent, il sera difficile d'obtenir le mouvement lent de rotation qu'ils supposent être la cause des vents alisés. Ce sera là une difficulté dans toutes les saisons de l'année; et vers le tems des solstices, il y aura la difficulté de plus, que l'air arrivé des vents alisés par la région supérieure, doit être refroidi exactement sur les parallèles auxquels le soleil est vertical, et puis renvoyé de ces parallèles chauds, à 10, 12 ou plus de degrés de distance vers la région des vents alisés, pour y être raréfié de manière à s'élever; car il faut se rappeler, que pendant plus de la moitié de l'année, la région de la principale force des vents alisés est à plusieurs degrés de distance des parallèles auxquels le soleil est vertical.

Une difficulté, de plus, parmi une multitude d'autres qui accompagnent cette théorie, c'est de concevoir comment le mouvement lent de rotation que l'air provenant des pôles est supposé avoir lorsqu'il arrive à la région des vents alisés, peut former l'espèce de courbe exprimée par le courant d'air tel que nous le voyons.

On s'attendrait à ce que l'air partant des latitudes plus élevées, avec un mouvement lent de rotation, tomberait à l'ouest plus rapidement à son premier départ, qu'après avoir reçu plusieurs impulsions des objets qui l'ont dépassé dans son cours, impulsions qui, avec le tems, lui donneraient autant de mouvemens de rotation que les objets qui le frappent, et que par conséquent plus cet air s'approcherait de l'équateur, moins il devrait avoir une direction à l'ouest, tandis qu'au contraire, il ne paraît avoir aucune direction à l'ouest, jusqu'à ce qu'il se trouve sur les bords mêmes des vents alisés; ensuite de quoi, dans les parties voisines de la côte d'Afrique, il incline obliquement à l'ouest; mais vers la côte d'Amérique, il n'y a presque aucun bord sensible des vents alisés, où le vent y entre dans une direction oblique; il souffle presqu'à l'ouest, dès l'extrémité même des alisés, ensorte que si l'air y est venu des régions polaires avec un mouvement lent de rotation, il n'est pas tombé à l'ouest durant son passage, que lorsqu'il aurait dû avoir gagné le plus de mouvement de rotation, et par conséquent eu le moins de tendance vers l'ouest.

Dans le fait, la supposée circulation verticale de l'air, introduite pour rendre compte des vents alisés, est si loin de produire le mouvement horizontal des vents alisés, que ces deux mouvemens sont incompatibles l'un avec l'autre; et si deux pareilles masses d'air dans ces deux mouvemens, c'est-à-dire, l'une avec le mouvement horizontal des vents alisés, et l'autre avec la circulation verticale qu'on suppose devoir produire les vents alisés, pouvaient être portées dans la même région, elles s'interrompraient immédiatement, et bientôt s'entre-détruiraient l'une l'autre.

Si, comme nous croyons, tous ou presque tous les vents variables dans nos climats, dépendent du cours des vents alisés et des variations dans leur force, il est important de vérifier exactement les causes, comme les seuls moyens de prévoir les variétés qui y auront lieu, et l'effet que ces variétés produiront sur nos vents variables.

On a déjà dit que les différentes circulations dans l'atmosphère et dans l'Océan, que nous avons décrites, se ressemblent de si près, qu'il ne peut guères rester de doute qu'elles ne dépendent directement ou indirectement de la même cause, et qu'une de ces circulations, celle des oscillations de l'Océan, dépend visiblement de l'attraction des corps célestes, et particulièrement de celle du soleil et de la lune.

Quant à la manière dont ces oscillations sont produites par cette attraction, nous en parlerons plus particulièrement dans une note à la fin; pour notre présent objet, il nous suffit qu'elles existent, et que dans les latitudes équatoriales elles se meuvent de l'est à l'ouest, avec la même vîtesse avec laquelle la terre tourne sur son axe, ou plutôt avec la même vîtesse avec laquelle tout méridien particulier se meut relativement à l'astre dont l'attraction produit l'oscillation. C'est ce que nous voyons dans l'Océan, et la même chose doit exister dans l'atmosphère en un beaucoup plus grand degré, vu que l'atmosphère qui environne toute la terre, n'est pas entravée dans son mouvement par les continens. Nous voyons aussi un mouvement horizontal de l'atmosphère, dans la même direction, dans les vents alisés ; et ceci, à ce que nous croyons, résulte nécessairement du mouvement des oscillations.

Lorsque sous quelque méridien particulier, sous celui de Paris, par exemple, il y a pleine marée, le côté opposé du globe, celui de nos antipodes, a aussi pleine marée, tandis que les deux parties intermédiaires ont marée basse, les deux marées étant les plus basses à 90 degrés de nous de chaque côté.

Tandis que l'Océan reste en cet état, les deux quartiers du globe sur lequel nous et nos antipodes sommes placés, ont une plus grande quantité du fluide qui environne le globe (soit eau, soit air), qu'il n'y en a sur les deux quartiers intermédiaires, où il y a marée basse; mais six heures après notre marée pleine, nous et nos antipodes nous avons marée basse, et les deux quartiers intermédiaires ont marée haute; ou, en d'autres mots, nous et nos antipodes sommes graduellement arrivés pendant ces six heures, à avoir moins d'eau et moins d'air sur les quartiers du globe que nous habitons respectivement, tandis que les deux quartiers intermédiaires en ont plus qu'ils n'en avaient six heures auparavant, de toute la différence entre la marée haute et la marée basse. Il est donc visible, même pour l'observateur le plus superficiel, qu'une quantité de fluide égale à toute celle qui était élevée dans l'oscillation, ou égale à toute la différence entre la marée haute et basse, s'est mue horizontalement d'un quartier du globe à l'autre; c'est-à-dire, que cette quantité de fluide s'est mue par-dessus 90 degrés du méridien, en 6 heures, et ce mouvement horizontal a été produit par le mouvement des oscillations.

Certainement, aucune molécule, soit de l'air soit de l'eau, ne s'est mue avec une vîtesse aussi étonnante que celle de 90 degrés en 6 heures; mais la vîtesse moyenne de tout le fluide qui contribue au déplacement de la quantité élevée dans l'oscillation, doit avoir été en proportion à la vîtesse avec laquelle l'oscillation s'est mue (90 degrés en 6 heures), comme la quantité élevée dans l'oscillation, est à toute la quantité de fluide qui contribue au mouvement.

On croira peut-être que la quantité de fluide élevée dans ces oscillations, ne saurait être assez considérable pour produire un mouvement moyen dans l'atmosphère des latitudes équatoriales, égal au courant des vents alisés; et cette idée peut paraître appuyée par ce que nous dirons lorsque nous viendrons à considérer la manière dont les oscillations dans l'Océan, et dans l'atmosphère, sont produites par l'attraction des corps célestes; car alors il paraîtra peut-être, que la quantité du fluide contenue dans ces oscillations, n'est pas à beaucoup près aussi considérable que l'ont supposé quelquefois ceux qui ont formé leur opinion d'après l'élévation des marées qu'ils ont vues dans nos ports; élévation produite en grande partie par la résistance que la terre oppose au courant de l'Océan.

D'un autre côté, les oscillations causées par l'attraction, ne sont pas la seule cause de ces vents; car les oscillations produites par la raréfaction, résultat de la chaleur du soleil, ou par la condensation, se mouvant exactement aussi vîte que celles produites par l'attraction, doivent avoir un effet égal, proportionnellement à la quantité de fluide qui a été élevée.

Il faut aussi se rappeler, qu'une grande partie de l'air entre les deux régions des calmes, contribue très-peu au mouvement de l'air des vents alisés de l'est à l'ouest; car en quelques parties de cette région, il n'y a que peu de mouvement; dans d'autres parties, le mouvement est plus ou moins oblique à l'équateur; et dans d'autres, le mouvement est interrompu par des vents variables. Il faut, de plus, observer que quoique le vent alisé soit tellement constant, qu'il passe pour un vent très-caractérisé, ce n'est pas cependant, en général, un vent fort, ainsi que cela est palpable par les interruptions qu'il éprouve à chaque petite île, des faibles brises de terre et de mer.

Ajoutez à cela, que comme les vents alisés ne forment qu'un côté de la circulation, ou plutôt le centre d'une circulation double, qui est constamment en mouvement par une cause constamment agissante, il se présentera à l'esprit de tout physicien, la question de savoir si le mouvement n'est pas accéléré par cette force constamment agissante, au de-là de la vitesse donnée par la première impulsion? Cette accélération, si elle existe, ne saurait jamais être rigoureusement calculée, parce que la valeur des résistances ne saurait jamais être connue.

Il est toutefois de peu d'importance pour notre sujet, que quelques-unes de ces circonstances affectent ce courant plus ou moins ; car s'il est constant que le courant est produit par le mouvement des oscillations, *la principale force des vents alisés doit être là où les oscillations sont les plus considérables ; et les vents alisés doivent être les plus forts lorsque les oscillations sont les plus fortes, comme ces mêmes vents doivent être les plus faibles, quand ces oscillations sont le moins considérables.* Ce sont là toutes les inductions de cette théorie, qui peuvent être de quelqu'importance pour nos recherches des effets que les vents alisés peuvent produire sur nos vents variables.

Nous avons dit qu'il y avait des oscillations de différentes espèces, dont la combinaison produisait les vents alisés ; et c'est des différentes combinaisons de l'influence de ces diverses oscillations, que résultent les différences dans la force de ces vents et dans les régions où ils soufflent.

Une grande partie, probablement la très-grande partie de ces oscillations, est produite par la même influence des corps célestes, qui produit les marées dans l'Océan. Si cette espèce d'oscillation était la seule dont dépend la région des vents alisés, la région de leurs principales forces se trouverait toujours placée à l'équateur, quoique le soleil et la lune qui causent ces oscillations, se trouvent quelquefois au nord et quelquefois au sud de l'équateur. Il est vrai que lorsque le soleil est au tropique du nord, il produit une oscillation, un flux par attraction à ce tropique, sur le méridien auquel le soleil est vertical; mais du côté opposé du globe, le flux produit en même tems par l'influence du soleil, est produit au tropique du sud. Ainsi, dans tous les cas où un des astres, soit le soleil, soit la lune, est vertical à un parallèle à quelque distance de l'équateur, il produit une oscillation ou un flux sur le parallèle auquel il est vertical, et l'autre sur un parallèle également distant de l'équateur dans l'autre hémisphère.

Et tandis que les deux élévations sont produites de cette manière, des deux côtés opposés de l'équateur et à des distances égales de cette ligne, le reflux ou la plus grande diminution de hauteur entre ces deux flux, étant toujours dans l'horizon de l'astre, se trouve sur l'équateur lui-même, aussi bien que lorsque l'astre est dans le plan de l'équateur.

L'éloignement du soleil ou de la lune, de l'équateur vers les tropiques, peut donc tendre à élargir la zone dans laquelle les vents alisés soufflent, et peut probablement affaiblir par là leur force; mais le centre de leur région n'est pas déplacé par là vers le nord ni vers le sud.

Mais dans la combinaison des causes qui produisent les vents alisés, les oscillations causées par la raréfaction ou par la condensation, ont une influence proportionnelle à la quantité d'air contenue dans ces oscillations; et ces oscillations causées par la raréfaction et la condensation, ne sont pas produites comme les autres, de chaque côté de l'équateur, lorsque le soleil qui les occasionne, est à une distance de cette ligne, mais elles sont produites uniquement sur les parallèles auxquelles le soleil est vertical.

Quelle est la proportion entre ces oscillations produites par la raréfaction et la condensation, et les autres, dans la combinaison générale qui produit les vents alisés? c'est ce qui est entièrement inconnu. Beaucoup de personnes ont attribué à la raréfaction la totalité de l'influence, et généralement on a attribué à cette cause une portion beaucoup trop grande. Quoi qu'il en soit, tout le déplacement qui existe de la région des vents alisés, de l'équateur vers le tropique au tems du solstice, est probablement dû entièrement à cette cause; et tandis que, d'un côté, un des motifs principaux pour faire désirer de pouvoir constater la proportion d'influence produite par la raréfaction, est de pouvoir constater quel est le déplacement de la région des vents alisés qui a lieu; de l'autre côté, une des voies les plus faciles pour constater cette proportion, est de faire des observations sur le déplacement lui-même des vents alisés, et des deux régions de calmes qui les bornent. Tout ce que nous savons sur cette matière, est que les marins paraissent d'accord que la région des calmes et des vents alisés se trouve plus loin au nord, lors du solstice d'été que lors de celui d'hiver, et que, par conséquent, lorsque le soleil est à une distance de l'équateur, le centre et la principale force des vents alisés se trouvent sur quelque parallèle entre l'équateur et le parallèle auquel le soleil est vertical.

Il paraît qu'il n'y a pas de méthode pour constater l'étendue de ces changemens dans la région des vents alisés, si ce n'est par des observations; mais comme, probablement, ils dépendent tous de la position du soleil, nous pouvons espérer que lorsqu'ils auront été observés avec soin, on trouvera que les lois qui les gouvernent sont très-simples.

Quant aux variations dans la force des vents alisés, il ne peut y avoir guères de doute qu'elles ne dépendent principalement de la position du soleil et de la lune relativement à la terre, et qu'on doit s'attendre que les vents seront forts, lorsque ces deux astres se trouveront verticaux au même parallèle, et particulièrement s'ils sont en même tems verticaux à l'équateur, ou à quelque parallèle très-proche de cette ligne, en sorte que les oscillations des deux côtés opposés du globe, se suivent l'une l'autre sur les mêmes parallèles. Ils seront forts aux sizigies, et plus faibles aux quadratures. Toutes autres choses égales, ils seront plus forts au périgée de la lune qu'à l'apogée, et plus forts au périhélie qu'à l'aphelie de la terre; plus forts lorsque les oscillations produites par la raréfaction ou la condensation coïncident avec celles produites par l'attraction, que lorsque le flux de l'un est au point de reflux de l'autre.

La plupart de ces différences dans la force, paraissent être de nature à pouvoir être soumises au calcul, et les autres paraissent telles, que nous avons lieu d'espérer que des observations répétées avec exactitude, pourraient nous donner la connaissance de leurs lois.

Si notre théorie se trouve être exacte, il paraît que nous aurions déjà la majeure partie des données suffisantes pour pouvoir dire, qu'à tel équinoxe futur les vents alisés seront forts ou faibles, et qu'en conséquence nous devrons nous attendre à des vents équinoxiaux violens ou modérés.

Mais quand même nous serions assurés de ce succès, il serait encore d'un faible intérêt, comparativement au point beaucoup plus difficile, celui de décider quel effet ces variétés dans la force des vents alisés et dans la position de la région de leur principale force, peuvent avoir sur ces vents variables qui affectent la température de nos climats.

Section IX. *Vents variables.* — Nous avons tâché de faire voir que nos vents dominans dépendent de la circulation de l'air des vents alisés. Pour constater la nature et la cause de cette circulation, nous avons fait voir qu'il existe également dans la même région, une circulation des eaux de l'Océan, et une autre des oscillations des marées, ressemblant si exactement à la circulation de l'air, qu'il ne saurait rester guères de doute, que toutes ne dépendent en grande partie de la même cause. Nous avons observé, de plus, qu'en conséquence de notre position dans la région de cette circulation, nos vents dominans étaient du côté de l'ouest.

Ces vents paraissent résulter si nécessairement de la circulation de l'air des vents alisés, que si cette circulation ne devait pas être interrompue, nous n'aurions pas d'autres vents; c'est l'interruption de cette circulation, qui nous en prive nécessairement.

Nous avons fait voir que cette circulation était très peu sujette à être interrompue, si ce n'est à la côte d'Amérique, dans les latitudes de l'équateur et des tropiques, où le cours des vents alisés est arrêté par ce continent; et que même dans ces parages, il ne se rencontrait aucune interruption qui pût affecter les vents sur nos côtes, si ce n'est que l'air des vents alisés y est quelquefois entraîné hors de notre circulation septentrionale. Ceci arrive de deux manières; d'abord, lorsque l'air des vents alisés, au lieu d'être arrêté par le continent d'Amérique, passe à travers les terres dans la mer du sud; et en second lieu, lorsque, dans le même point, tout cet air, ou une quantité extraordinaire de cet air, se jette dans la circulation méridionale.

Quand l'un ou l'autre de ces événemens arrive, toute la côte d'Europe a des vents de nord ou des vents d'est, lesquels, après ceux de l'ouest, sont nos vents les plus dominans. Ces vents du nord et ces vents d'est se terminent ordinairement chez nous par un vent du sud, qui toutefois est rarement de longue durée.

Ainsi, pendant que la circulation de l'air des vents alisés reste non-interrompue, nous avons des vents de l'ouest; lorsque cet air est attiré hors de notre circuit septentrional, nous avons des vents du nord ou des vents d'est; et lorsque l'air des vents alisés rentre dans la circulation ordinaire, nos vents de nord et d'est se changent, pour un tems fort court, en vents du sud, après quoi les vents d'ouest reparaissent.

Mais, demandera-t-on maintenant : *Quelles sont les circonstances qui attirent l'air des vents alisés hors de notre circulation?*

Si nous pouvions répondre à cette question avec exactitude, il paraîtrait que nous aurions toutes les données nécessaires pour calculer la plupart de nos vents variables, et pour déterminer quelles doivent être nos saisons futures.

Si le continent de l'Amérique n'opposait pas de résistance au cours des vents alisés, l'air continuerait sa direction à l'ouest, à travers la terre, et de là à travers l'Océan pacifique.

Si la résistance opposée au cours des vents alisés, par le continent de l'Amérique, était dans toutes les parties et dans tous les tems la même; si, de plus, les vents alisés arrivaient uniformément et avec la même force, rencontrant alors toujours la même résistance, ils prendraient exactement la même direction; nous n'aurions alors aucune de ces interruptions dans la circulation, qui occasionnent nos vents variables.

Mais quelques parties du continent opposent indubitablement plus, et d'autres moins de résistance au cours des vents alisés ; d'un autre côté, ceux-c arrivent quelquefois en plus grande force que dans d'autres tems, et par conséquent ils ne sont pas également arrêtés par la même résistance ; enfin, tantôt la principale force de ces vents arrive sur un point, et tantôt sur un autre.

Il y a probablement quelques parties du continent, sur lesquelles un vent alisé faible peut être arrêté dès sa première arrivée, et rejeté, par la figure de la terre, dans la circulation septentrionale ou méridionale ; tandis que, à ce même point, un vent alisé plus fort peut ne pas être arrêté jusqu'à ce qu'il soit parvenu à plusieurs lieues plus loin dans l'intérieur des terres, où, par une différente forme du terrein, il peut être détourné vers une direction opposée à celle qu'il aurait prise s'il avait été assez faible pour avoir été arrêté plus à l'est.

Ces circonstances, et probablement beaucoup d'autres, tendent à créer une grande variété dans la quantité et la proportion de l'air des vents alisés qui entrent dans notre circulation, et par conséquent à produire une grande variété dans la circulation elle-même, et dans nos vents variables qui en résultent. Mais comme les différens degrés de force des vents alisés, et les variations dans la région de leur principale force, semblent dépendre presqu'entièrement de la position de la terre relativement au soleil et aux planètes, il paraît probable que

nous serons un jour en état de dire, que « tel jour
» la principale force des vents alisés arrivera au
» continent de l'Amérique, dans tel ou tel parallèle
» de latitude, et qu'il y aura un vent alisé fort ou
» faible. »

Il ne paraît pas même y avoir d'impossibilité que quelque jour, à l'avenir, les hommes soient en état d'aller plus loin, et de dire : « Le vent alisé sera fort
» tel jour, et comme la principale force aura lieu
» sur un tel parallèle, l'air traversera le continent,
» ou bien sera détourné, soit vers la circulation
» septentrionale, soit vers la circulation méridio-
» nale. »

S'il était possible d'aller jusques là, nous pourrions probablement calculer avec quelque assurance plusieurs de nos vents, peut-être même le plus grand nombre; mais ceci serait encore bien loin de compléter la science. Car, quoique les causes dont nous avons parlé, puissent être à peu de chose près toutes celles qui affectent directement le cours de l'air dans la grande région de la circulation où nous sommes placés, néanmoins cette région est en contact avec d'autres grandes régions de l'air, qui ont aussi leurs circulations, leurs interruptions et leurs vents variables. Toutes les fois donc, que par l'effet de l'une des causes quelconques qui affectent la circulation dans les régions voisines, l'équilibre est détruit, et particulièrement s'il est détruit dans les parties voisines de la région de notre circulation, l'air de notre région est immédiatement affecté; et, pour cette raison, dans toutes les extrémités de notre grande circulation double, dans toutes ces parties voisines des autres régions, les vents sont plus variables, et ils sont gouvernés par des lois plus compliquées qu'ils ne le sont près du centre de notre circulation.

Toutefois, si nous pouvions calculer exactement les effets des différentes causes qui affectent directement la circulation dans notre propre région, nous trouverions probablement plusieurs de ces causes communes aux régions voisines, au point de pouvoir nous en servir pour découvrir les lois d'après lesquelles les mouvemens de l'air, dans ces régions, sont gouvernés aussi. Mais pour faire le premier pas, même dans ces recherches, il faut que nous commencions par obtenir des observations exactes sur la résistance opposée au passage des vents alisés, par les différentes îles et par les différentes parties du continent de l'Amérique, ainsi que sur l'effet que ces résistances produisent sur les vents alisés d'intensité différente; et pour rendre ces observations complètes jusqu'à un certain point, elles devraient être accompagnées d'observations sur l'état de l'air tel qu'il serait, à la même époque, sur la côte occidentale d'Amérique, attenant à la circulation voisine du grand Océan pacifique.

Il nous faudrait également des observations qui pussent déterminer les variations qui ont lieu, relativement à la région des vents alisés, aux différentes époques de l'année, ainsi que les variations dans leurs forces comparatives en conséquence de la distance plus ou moins grande du soleil et de la lune à l'équateur, ainsi que d'autres observations pour déterminer les vîtesses effectives produites dans les vents alisés par diverses combinaisons des différentes causes de ces vents.

NOTE

SUR LA MANIÈRE DONT SONT PRODUITES LES MARÉES DE L'OCÉAN.

Comme nous voyons les marées dans l'Océan, et que nous voyons qu'elles se meuvent avec les corps qui les produisent, ces faits visibles pour nous, joints à la certitude que des oscillations semblables doivent exister dans l'atmosphère, sont, quant au principal objet de cet Essai, plus que suffisans pour nous avoir mis à même d'éviter de l'embarrasser d'aucune théorie particulière, dans la vue d'expliquer la manière dont nous croyons que ces flux et reflux sont produits, tant sur l'Océan que dans l'atmosphère. La théorie, toutefois, de ces flux et reflux, est liée de si près avec celle des vents alisés, et si nous ne nous trompons pas, avec celle de presque tous les vents du globe, qu'il ne serait pas convenable de négliger entièrement de parler de cette théorie, et cela d'autant plus, que nous avons témoigné quelques doutes sur l'exactitude des opinions généralement reçues sur cette matière.

Nous avons dit dans l'Essai, que les oscillations ou le flux et reflux sur quelque méridien particulier que ce soit, étaient les effets de la figure que donne aux fluides qui entourent la terre, le résultat des différentes forces qui sollicitent les molécules de ces fluides dans différentes directions. Quelle que puisse être cette figure, si elle est telle, que le diamètre qui la traverse à l'équateur sur un méridien, est plus long que le diamètre sur un autre méridien; et si, de plus, la figure reste fixe relativement aux corps célestes qui la produisent; tandis que la terre avec les fluides qui composent la figure, tourne sur son axe, il est visible que chaque méridien de la terre, doit avoir marée haute lorsqu'il passe le point ou la ligne, là où le diamètre de la figure du fluide est le plus grand, et marée basse lorsqu'il passe le point ou la ligne, là où le diamètre est le plus court.

Quant à la question : Qu'elle doit être la figure du fluide environnant le globe, et de quelle manière elle est produite? cette question dépend de causes tellement connues, et elle paraît si facile à être calculée, qu'on ne peut guères s'empêcher d'être surpris qu'elle n'ait pas été résolue depuis long-tems, d'une manière satisfaisante.

Il existe, à la vérité, une théorie reçue, que les géomètres regardent comme démontrée; mais cette démonstration et la théorie elle-même ne nous paraissent guères satisfaisantes.

D'après cette théorie, on suppose que l'attraction d'un corps céleste, du soleil, par exemple, combinée avec la gravitation du fluide vers la terre, donne aux fluides qui environnent le globe, la forme d'un ellipsoïde, dont le plus long diamètre est un rayon prolongé de l'orbite de la terre, et dont les plus courts diamètres sont par conséquent perpendiculaires au rayon de cet orbite. Ainsi, lorsque les partisans de cette théorie parlent du flux et du reflux occasionnés par quelqu'astre, tel que le soleil (et pour éviter la confusion, nous ne parlons pour le moment d'aucun autre), ils supposent que sur la partie de la terre à laquelle le soleil est vertical, et sur la partie opposée, il y a flux ou marée haute, tandis que le reflux ou la marée basse, se trouve sur les parties intermédiaires entre les deux marées hautes, c'est-à-dire dans l'horizon du soleil.

Ces messieurs nous disent, et il faut l'avouer avec un certain degré de probabilité, que comme l'attraction du soleil attire non-seulement la masse de la terre et les fluides qui l'environnent, mais encore chaque molécule de ces fluides, cette attraction qui agit sur les molécules du fluide du côté du globe le plus voisin du soleil, tend à rendre le fluide plus léger, et par conséquent l'élève et forme ainsi sur cette partie du globe, ce que nous appelons le flux ou la marée haute.

Jusques là, cette théorie est au moins plausible, quoiqu'on puisse soupçonner que même cette partie de la théorie est erronée, en ce que quelques calculs basés sur elle, donneraient pour résultat une bien plus grande quantité de flux et de reflux qu'il n'en existe réellement. Il est vrai que ces calculs n'ont peut-être jamais été faits; mais ils ne paraissent aucunement difficiles, là où la quantité de fluide peut être évaluée ou supposée par aperçu.

Mais ce n'est là que la moitié de l'explication donnée par cette théorie; comme il existe également une marée haute du côté opposé du globe, ces messieurs nous en donnent l'explication tout à fait mystérieuse et incompréhensible, que voici.

Ils nous disent que du côté de la terre qui se trouve le plus éloigné du soleil, l'attraction de l'astre sur les molécules du fluide, est moindre que sur la masse générale de la terre; c'est pourquoi, disent-ils, la masse de la terre est attirée vers le soleil avec plus de force (quelques-uns l'expriment avec plus de vîtesse), que ne le sont les molécules du fluide, plus éloignées de l'astre attirant, et par conséquent le fluide s'élève de ce côté de la terre, celle-ci étant enlevée des particules du fluide. De cette manière, ces messieurs supposent que d'un côté de la terre, nous avons le flux ou la marée haute, par l'attraction du soleil, tandis que de l'autre côté, c'est par manque d'attraction que le même phénomène a lieu. Des diagrammes et des calculs géométriques, fondés sur des suppositions de cette espèce, complètent ce qu'ils appellent une démonstration.

Il est d'abord difficile de comprendre ce qu'on entend par l'expression : que la masse de la terre est attirée vers le soleil avec plus de vîtesse que les fluides qui se trouvent du côté de la terre le plus éloigné du soleil. Ni la terre ni les fluides qui l'environnent, n'approchent du soleil en aucun sens dans lequel nous puissions comprendre de pareilles expressions.

Il faut se rappeler que le flux et reflux, ou la marée montante et descendante, la marée haute et basse, sont des expressions relatives ou réciproques; c'est-à-dire, que lorsqu'une partie du fluide s'élève lors de la marée haute, cela n'a lieu que parce qu'une autre partie tombe là où est la marée basse, et réciproquement.

Si, donc, un flux est produit par l'attraction du soleil, il faut que ce soit par une attraction tellement combinée avec la force de gravitation du fluide vers la terre, que par le résultat de la combinaison, le fluide devienne plus pesant ou tende plus fortement vers la terre, sur les parties où existe le reflux, qu'il ne tend dans les parties où est le flux. La conséquence de cette plus grande pesanteur du fluide à l'endroit où sont les reflux, est cause qu'une colonne plus courte du fluide dans cette partie, soutiendra en équilibre une colonne plus haute dans la partie où le fluide est plus léger; car toute la gravité du fluide sur les rayons plus courts du globe, là où existent les reflux, doit être la même qu'elle est sur les plus longs rayons des parties où existent les flux, c'est-à-dire lorsqu'il n'y a pas des profondeurs inégales occasionnées par des inégalités de la terre.

La supposition que le flux du côté de la terre le plus éloigné du soleil (ou de l'autre astre produisant le flux), est causée par la diminution d'attraction, de la manière que cette théorie suppose, se trouve en opposition directe, non-seulement avec les principes que nous venons de mentionner, mais encore avec les principes les plus évidens de la gravitation. Car, quoiqu'il soit vrai que l'attraction du soleil est moindre, ainsi que le suppose cette théorie, sur les molécules du fluide du côté de la terre le plus éloigné du soleil, cependant toute petite qu'est cette attraction, loin de diminuer la gravité du fluide, elle y ajoute plus que sur aucune autre partie du globe. En effet, ce côté du globe qui se trouve le plus éloigné du soleil, est la seule partie où la gravité du fluide soit augmentée par l'attraction du soleil, car ce n'est que de ce côté là que cette attraction et gravitation agissent dans la même direction. Sur toutes les autres parties du globe, la force d'attraction se trouve ou dans une direction opposée à celle de la gravitation, et diminue par conséquent la gravité du fluide, ou elle se trouve perpendiculaire à la force de gravitation comme dans l'horizon, et par conséquent elle n'augmente ni ne diminue la gravité dont il s'agit.

Il est évident que si les oscillations des fluides sur la surface de la terre, étaient produites de la manière que le suppose cette théorie, la figure de ces fluides autour de la terre, loin d'être l'ellipsoïde supposé, serait un cône dont le sommet serait dirigé vers le soleil ou vers l'autre astre attirant. La conséquence d'une telle figure du fluide, serait que nous aurions, ainsi que nos géomètres le supposent, un flux sur la partie à laquelle le soleil ou l'autre astre serait vertical, parce que l'attraction du soleil y diminue la gravité du fluide; mais du côté opposé, au lieu du flux nous aurions le reflux, parce que là, et là seulement, la gravité du fluide est augmentée par l'attraction du soleil, tandis que dans l'horizon nous aurions une moitié de flux, parce que là, la gravité du fluide n'est ni augmentée ni diminuée par l'attraction, et conséquemment nous n'aurions qu'un seul flux et un seul reflux dans les vingt-quatre heures.

Or, rien de tout cela n'existe, ou plutôt c'est le contraire qui existe, d'après l'expérience de tous les lieux et de tous les tems. Il y a donc une erreur fondamentale dans cette théorie, et cette erreur paraît provenir de ce qu'une moitié de la force a été oubliée.

La force centrifuge qui retient la terre dans son orbite, est au centre de la terre, égale à l'attraction du soleil; et comme ces deux forces agissent dans des directions opposées, elles se détruisent l'une l'autre. Nous disons *au centre de la terre;* cette expression n'est pas rigoureusement exacte, mais la différence n'affecte en aucune manière le sujet qui nous occupe.

Mais ces deux forces, égales au centre de la terre, varient en intensité à des points plus rapprochés ou plus éloignés du centre de la terre, et elles varient d'après des lois très-différentes; par conséquent, elles ne se détruisent pas entièrement l'une l'autre.

La force centrifuge des molécules du fluide qui sont du côté du globe le plus voisin du soleil, tend à augmenter la gravitation de ces molécules vers la terre, parce que la tendance de cette force centrifuge (nous parlons ici de cette force centrifuge qui retient la terre dans son orbite), se trouve dans une direction opposée à celle de l'attraction du soleil sur les molécules. Mais cette force centrifuge qui, au centre de la terre, n'est que justement égale à cette attraction, ne l'est point du côté de la terre le plus voisin du soleil, parce que l'attraction qui agit à un demi-diamètre de la terre plus près du soleil, est plus grande que celle qui est au centre, en raison inverse du carré de la distance; par conséquent, la gravité des molécules du fluide y est diminuée, non pas dans la même proportion que l'attraction du soleil y est plus grande qu'elle n'est sur le centre de la terre, mais comme la différence entre la force centrifuge de ce côté de la terre, et cette attraction augmentée.

Du côté opposé de la terre (nous voulons dire du côté le plus éloigné du soleil), cette force centrifuge est contraire à la direction de la gravitation, et par conséquent elle tend à diminuer la gravité des molécules du fluide; et l'attraction du soleil de ce côté de la terre, étant moindre qu'au centre, en raison directe du carré des distances, elle est inférieure à la force centrifuge, et par conséquent la gravité du fluide y est moindre de toute la différence entre l'attraction et la force centrifuge.

En résumé, du côté de la terre le plus voisin du soleil, la tendance du fluide vers le centre de la terre, est égale à la gravitation plus la force centrifuge dont il s'agit, moins l'attraction du soleil. Et du côté de la terre le plus éloigné du soleil, cette même tendance est égale à la même gravitation, plus l'attraction du soleil, moins la force centrifuge; et cette force centrifuge étant de ce côté là de la terre, plus forte que l'attraction du soleil, la gravité du fluide se trouve diminuée du montant de la différence.

De cette manière, le fluide qui se trouve dans l'horizon de l'astre, tend vers le centre de la terre avec toute la force de la gravitation, parce que l'attraction de l'astre et la force centrifuge y étant égales et agissant dans des directions opposées, se detruisent mutuellement l'une l'autre; et même quand ces deux forces (l'attraction et la force centrifuge) ne seraient pas égales, elles sont, dans l'horizon, toutes les deux perpendiculaires à celle de la gravitation, et par conséquent ne l'augmentent ni ne la diminue, tandis que cette même gravitation se trouve diminuée du côté voisin du soleil, par l'excès de l'attraction sur celle de la force centrifuge, et du côté opposé, par l'excès de la force centrifuge sur celle de l'attraction de l'astre.

Il est très-possible de calculer à très-peu de chose près, le montant de cette diminution de la gravité, et par conséquent, la hauteur à laquelle est élevé le fluide d'une profondeur donnée quelconque. Toutefois, la solution de ce problême n'est pas tout à fait aussi aisée qu'elle paraît être au premier aspect.

La plus grande difficulté dans ce calcul, consiste à constater jusqu'à quel point cette force centrifuge du fluide à la surface de la terre, est affectée par la rotation du globe sur son axe; car, si cette rotation n'existait point, le mouvement angulaire du fluide serait le même sur les deux côtés; et si cette rotation était assez rapide pour donner au fluide sur les deux côtés, une force centrifuge commune, cette force serait la même que celle du centre de la terre. En réalité, ce n'est ni l'un ni l'autre; la vîtesse du mouvement du fluide du côté éloigné au soleil, étant plus grande qu'au centre, mais pas aussi grande que si la terre ne tournait pas sur son axe; tandis que, du côté le plus voisin du soleil, cette vîtesse est moindre qu'au centre, mais pas aussi petite qu'elle le serait, si la terre ne tournait point sur son axe.

Dans quelqu'autre occasion, nous parlerons de ces calculs et de la manière dont cette force centrifuge affecte quelques-uns des mouvemens de la lune, ainsi que de l'effet qu'elle peut avoir eu sur quelques-unes des tentatives faites pour constater la figure de la terre et la grandeur d'un arc du méridien.

Ce que nous avons dit relativement aux deux élévations du flux produit des côtés opposés du globe en même-tems, à égale distance des deux côtés de l'équateur, toutes les fois que l'astre qui les produit est à une certaine distance de cette ligne, explique d'une manière très-simple, pourquoi les marées du matin et du soir diffèrent visiblement en force dans les saisons où le soleil est éloigné de l'équateur, comme vers les solstices.

www.ingramcontent.com/pod-product-compliance
Lightning Source LLC
LaVergne TN
LVHW020044170826
845678LV00001B/420

* 9 7 8 2 3 2 9 6 8 6 7 1 4 *